BEI GRIN MACHT SICH IHR WISSEN BEZAHLT

- Wir veröffentlichen Ihre Hausarbeit, Bachelor- und Masterarbeit

- Ihr eigenes eBook und Buch - weltweit in allen wichtigen Shops

- Verdienen Sie an jedem Verkauf

Jetzt bei www.GRIN.com hochladen und kostenlos publizieren

Bibliografische Information der Deutschen Nationalbibliothek:

Die Deutsche Bibliothek verzeichnet diese Publikation in der Deutschen Nationalbibliografie; detaillierte bibliografische Daten sind im Internet über http://dnb.d-nb.de/ abrufbar.

Dieses Werk sowie alle darin enthaltenen einzelnen Beiträge und Abbildungen sind urheberrechtlich geschützt. Jede Verwertung, die nicht ausdrücklich vom Urheberrechtsschutz zugelassen ist, bedarf der vorherigen Zustimmung des Verlages. Das gilt insbesondere für Vervielfältigungen, Bearbeitungen, Übersetzungen, Mikroverfilmungen, Auswertungen durch Datenbanken und für die Einspeicherung und Verarbeitung in elektronische Systeme. Alle Rechte, auch die des auszugsweisen Nachdrucks, der fotomechanischen Wiedergabe (einschließlich Mikrokopie) sowie der Auswertung durch Datenbanken oder ähnliche Einrichtungen, vorbehalten.

Impressum:

Copyright © 2011 GRIN Verlag
Druck und Bindung: Books on Demand GmbH, Norderstedt Germany
ISBN: 9783640943654

Dieses Buch bei GRIN:

https://www.grin.com/document/173986

Anonym

Lineare und ganzrationale Funktionen für die gymnasiale Mittel- und Oberstufe

GRIN Verlag

GRIN - Your knowledge has value

Der GRIN Verlag publiziert seit 1998 wissenschaftliche Arbeiten von Studenten, Hochschullehrern und anderen Akademikern als eBook und gedrucktes Buch. Die Verlagswebsite www.grin.com ist die ideale Plattform zur Veröffentlichung von Hausarbeiten, Abschlussarbeiten, wissenschaftlichen Aufsätzen, Dissertationen und Fachbüchern.

Besuchen Sie uns im Internet:

http://www.grin.com/

http://www.facebook.com/grincom

http://www.twitter.com/grin_com

Zusammenfassung   Lineare und ganzrationale Funktionen   Gymnasium

Inhaltsverzeichnis

1. Lineare Funktionen   Seite 2 – Seite 13

2. Ganzrationale Funktionen   Seite 14 – Seite 38

Zusammenfassung — Lineare und ganzrationale Funktionen — Gymnasium

1. Lineare Funktionen

Seite 2 – Seite 13

1.1 Die Funktionsgleichung	Seite 2
1.2 Der Graph einer Linearen Funktion	Seite 2
1.3 Charakteristische Punkte einer linearen Funktion	Seite 3
1.3.1 Schnittpunkt mit der x-Achse	
1.3.2 Schnittpunkt mit der y-Achse	
1.3.3 Schnittpunkt von zwei Geraden	
LGS I. Gleichsetzungsverfahren	
II. Additionsverfahren	
III. Einsetzungsverfahren	
1.4 Gegenseitige Lage von Geraden	Seite 6
1.5 Abstandsberechnung in der Ebene	Seite 9
1.5.1 Abstand von zwei Punkten	
1.5.2 Abstand von zwei parallelen Geraden	
1.5.3 Abstand von einem Punkt zu einer Geraden	
1.6 Schnittwinkel von zwei Geraden	Seite 12
1.7 Abschließende Aufgabe mit Lösung	Seite 13

1. Lineare Funktionen

1.1 Die Funktionsgleichung

Als lineare Funktionen werden solche bezeichnet, in denen die Potenz der Variable entweder 0 oder 1 ist, niemals höher und niedriger.

Beispiel: $f(x) = 2x + 2$

Man könnte dieselbe Formel auch schreiben als:

$$f(x) = 2 \times x^1 + 2 \times x^0$$

Da natürlich jede Zahl das Einfache von sich selbst ergibt, erspart man sich x^1 und schreibt x.

Der Term x^0 ergibt immer 1, das ist mathematisches Gesetz. Folglich erspart man sich auch 2 * 1 und schreibt lediglich 2, da das Einfache einer Zahl immer sie selbst ergibt.

Im Allgemeinen hat eine lineare Gleichung immer folgende Form:

$$y = m \times x + c$$

m ist dabei die Steigung des Graphen bzw. Die Wachstumskonstante.

c ist dabei der Y-Achsenabschnitt, dazu im Folgenden mehr.

1.2 Der Graph einer linearen Funktion

Wie der Name schon verrät, verläuft der Graph einer linearen Funktion linear, d.h. geradlinig.

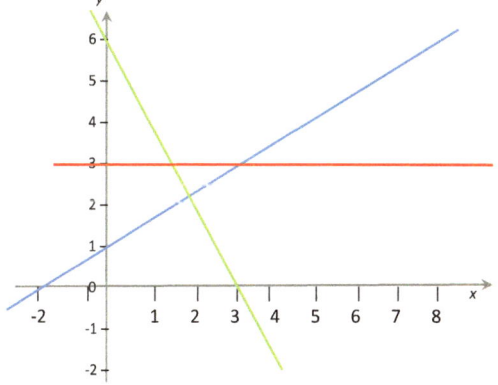

$f(x) = 0{,}5x + 1$

$f(x) = -2x + 6$

$f(x) = 3$

Dabei kann der Graph wie in den Abbildungen steigen, sinken oder auf konstanter Höhe bleiben.

Das *m* von der Funktionsgleichung, die Steigung lässt sich mit Hilfe der Werte von zwei Punkten errechnen:

$$m = \frac{\Delta y}{\Delta x}$$

Das *c* von der Funktionsgleichung ist lediglich der y-Wert vom Punkt, in dem die Gerade die y-Achse schneidet.

Beispiel: Der blaue Graph hat die Gleichung $f(x) = 0{,}5x + 1$. Wie schließt man darauf?

Gegeben haben wir zwei eindeutige Punkte: A (-2|0) und B (0|1). Das m lässt sich durch den Quotienten der Differenz der y-Werte und der Differenz der x-Werte errechnen.

$$m = \frac{\Delta y}{\Delta x} = \frac{y_A - y_B}{x_A - x_B} = \frac{0 - 1}{-2 - 0} = \frac{-1}{-2} = 0{,}5$$

Dabei ist es egal, welcher Punkt A und welcher B ist. Aber: wenn man den y-Wert von A von dem von B abzieht, so muss man das bei den x-Werten genauso machen.

Das c ist y-Wert des Punktes, in dem die Gerade die y-Achse schneidet. Abgelesen: y = 1.

Wenn man also die errechneten *m*- und *c*-Werte in die **Geradengleichung y = mx + c** einsetzt, erhält man die Gleichung **y = 0,5 x + 1**.

1.3 Charakteristische Punkte einer linearen Funktion

Charakteristische sind die Punkte, bei denen der Graph die x- bzw. y-Achse schneidet

1.3.1 Schnittpunkt mit der x-Achse

Schnittpunkte mit der x-Achse werden als Nullstellen bezeichnet. Das Charakteristische einer Nullstelle ist, dass der y-Wert immer null beträgt. Um also den x-Wert zu errechnen, bei der ein Graph die x-Achse schneidet, muss man für y null einsetzen und dann durch Äquivalenzumformung den zugehörigen x Werte berechnen.

Beispiel: Berechnung des y-Achsenabschnittes der blauen Gerade

    y = 0,5x + 1 | *für y null einsetzen*

    0 = 0,5x + 1 | -1

    -1 = 0,5x | × 2

    -2 = x

Die **Nullstelle** für die Funktion *y = 0,5x + 1* ist -2.

1.3.2 Schnittpunkt mit der y-Achse

Das Charakteristische an Schnittpunkten mit der y-Achse ist, dass der x-Wert immer null beträgt. Also muss man in der Gleichung für *x* null einsetzen, um auf den y-Achsenabschnitt zu kommen. Da aber bei der Gleichung **y = m*x + c** das *m*x* wegfällt, wenn x null wird (m*0 = 0), steht dann da: **y = c**. Daher wird *c* auch als y-Achsenabschnitt bezeichnet

1.3.3 Schnittpunkt von zwei Geraden

Zwei Geraden schneiden sich immer, wenn ihre Steigungskonstanten (m) nicht identisch sind; dann verlaufen sie nämlich parallel oder übereinander.

Das heißt, dass beide Geraden einen gemeinsamen Punkt haben, bei dem x- und y-Koordinate übereinstimmen. Hat man zwei Geraden mit den folgenden Formen gegeben,

$$y_1 = m_1 * x_1 + c_1 \quad \text{bzw. } y = m_1 * x + c_1 \text{ (da } x_1 \text{ mit } x_2 \text{ und } y_1 \text{ mit } y_2 \text{ identisch ist)}$$

$$y_2 = m_2 * x_2 + c_2 \quad \text{bzw. } y = m_2 * x + c_2$$

so lassen sich die x-Werte mit Hilfe eines LGS (einem **L**inearen **G**leichungs**s**ystem) berechnen.

I. Das Gleichsetzungsverfahren:

Beide Gleichungen werden so umgeformt, dass sie auf jeweils einer Seite identisch sind. Diese Methode wählt man allerdings meistens nur, wenn diese Bedingung schon erfüllt ist; so wie hier. Beide Gleichungen haben auf jeweils einer Seite das *y* stehen. Daher kann man auch die beiden anderen Teile (die nicht identisch sind!) gleichsetzen: Wenn y_2 dasselbe ist wie $m_2 * x_2 + c_2$ und auch dasselbe wie y_1, dann ist $m_2 * x_2 + c_2$ auch dasselbe wie $m_1 * x_1 + c_1$, weil letzteres wiederum identisch mit y_1 ist.

Also:

$$m_1 * x + c_1 = m_2 * x + c_2$$

Beispiel: Berechnung des Schnittpunktes der blauen und grünen Gerade.

(I) $f(x) = 0,5x + 1$

(II) $f(x) = -2x + 6$

$\rightarrow 0,5x + 1 = -2x + 6 \qquad$ | -1

$0,5x = -2x + 5 \qquad\qquad$ | +2x

$2,5x = 5 \qquad\qquad\qquad$ | ÷2,5

$x = 2$

Nun kann man den berechneten x-Wert in eine der beiden Gleichung einsetzen, um daraus auf den y-Wert zu schließen:

$f(x) = 0{,}5x + 1 \rightarrow y = 0{,}5 \times 2 + 1 = 2$

Der Schnittpunkt lautet demnach (2|2).

II. Das Additionsverfahren

Beim Additionsverfahren werden lediglich alle Bestandteile miteinander addiert. Diese Methode verwendet man dann, wenn eine Variable sich nach deer Addition aufhebt, wie z.B. hier:

(I) $\quad y = 2x + 3 \quad$ | x hebt sich nach der Addition auf.
(II) $\quad y = -2x - 2$

(I)+(II) $\quad 2y = 1 \qquad y = \dfrac{1}{2}$

$y \text{ in } (I) \text{ ergibt:} \qquad x = \dfrac{5}{4}$

III. Das Einsetzungsverfahren

Das Einsetzungsverfahren verwendet man häufig dann, wenn die Gleichungen nicht unbedingt in der y = mx + c Form gegeben sind. Dabei wird eine Veriable durch die andere beschrieben und übrig bleibt eine Gleichung mit einer Variable. Zum Beispiel hier:

(I) $\qquad 2x = y - 3$
(II) $\qquad y = x + 2$

In (II) wird *y* durch *x* beschrieben. Setzt man nun in der ersten Gleichung für *y: x+2* ein, erhält man in (I) eine Gleichung nur mit der Variable *x*.

(II) in (I) $\qquad 2x = x + 2 - 3$
$\qquad\qquad\quad x = -1$

x in (II) ergibt: $\ y = 1$

1.4 Gegenseitige Lage von Geraden

Geraden sind einfach nur das Schaubild linearer Funktionen. Sie können sich auf drei verschiedene Möglichkeiten verhalten: Entweder sie sind parallel, haben einen Schnittpunkt oder liegen übereinander.

Parallel sind zwei Geraden, wenn ihre Steigungen identisch sind, ihre y-Achsenabschnitte jedoch nicht.

Übereinander liegen zwei geraden, wenn sie dieselbe Steigung und denselben y-Achsenabschnitt haben.

Sie haben einen Schnittpunkt, wenn sie unterschiedliche Steigungen haben, unabhängig vom y-Achsenabschnitt. Haben beide Geraden denselben y-Achsenabschnitt, so ist der Wert davon die y-Koordinate des Schnittpunktes.

Eine besondere Form von zwei sich schneidenden Geraden stellt die Orthogonalität dar. Eine Orthogonalität von zwei Geraden liegt vor, wenn

$$m_1 = -\frac{1}{m_2}$$

gilt.

Beispiele: Untersuchung von zwei Geraden auf ihre gegenseitige Lage.

a. $g_1: y = 2{,}5x - 3$ $g_2: y = -4{,}5x + 4$

b. $g_1: 4x = -y + 14$ $g_2: y = \frac{1}{4}x - 3$

c. $g_1: 3 = x - y$ $g_2: y = \frac{4}{4}x + 1{,}5$

d. $g_1: y = 1{,}5x - 3$ $g_1: y = -3 + \frac{3}{2}x$

Lösungen:

a. Zunächst erfolgt immer ein Vrgleich der *m*- und *c*-Werte. Beide sind jeweils unterschiedlich, also handelt es sich um zwei sich schneidende Geraden. Der Test, ob die Geraden orthogonal zueinander verlaufen:

$m_1 = -\frac{1}{m_2}$ → $2{,}5 = -\frac{1}{-3}$ → trifft nicht zu.

Nun muss man ein praktisches LGS-Verfahren wählen – hier bietet sich das Gleichsetzungsverfahren an.

$2{,}5x - 3 = -4{,}5x + 4 \mid +3 + 4{,}5x$

$7x = 7 \qquad \mid \div 7$

$x = 1$

x in g_1 ergibt: $y = 2{,}5 - 3 = -\frac{1}{2}$

Die beiden Geraden schneiden sich und haben einen Schnittpunkt in **S (1 | $-\frac{1}{2}$)**

b. Zunächst sollte man umformen, um zu erfahren, ob die *c*- bzw. *m*-Werte zueinander stehen.

Die Umformung ergibt: $g_1: y = -4x + 2$

$$g_2: y = \frac{1}{4}x - 3$$

c und m unterscheiden sich, also liegt wieder ein Schnittpunkt vor. Überprüfung einer möglichen Orthogonalität:

$m_1 = -\frac{1}{m_2}$ → $-4 = -\frac{1}{\frac{1}{4}} = -1 \times \frac{4}{1} = -4$

Die Formel geht auf; also sind die Geraden orthogonal.

g_1: $4x = -y + 14$

g_2: $y = \frac{1}{4}x - 3$

Hier bietet sich wiederum das Einsetzungsverfahren an:

(II) in (I): $4x = -\left(\frac{1}{4}x - 3\right) + 14$ | Minusklammer

$4x = -\frac{1}{4}x + 3 + 14$ | $+\frac{1}{4}x$

$4\frac{1}{4}x = 17$ | $\div 4\frac{1}{4}$

$x = 4$

X in (II) ergibt: $y = \frac{1}{4} \times 4 - 3 = -2$

Die Geraden sind orthogonmal zueinander und haben ihren Schnittpunkt in **S (4|-2)**

c. Zunächst wieder die Umformung:

g_1: $3 = x - y$ → $y = x - 3$

g_2: $y = \frac{4}{4}x + 1{,}5$ → $y = x + 1{,}5$

Umformung ergibt: Das *m* ist identisch. Das *c* nicht. Also sind die beiden Geraden parallel.

d. Genaueres Hinsehen ergibt: Die Gleichungen sind identisch. Also liegen die beiden Graphen übereinander.

1.5 Abstandsberechnung in der Ebene

1.5.1 Abstand von zwei Punkten.

Gegeben sind zwei Punkte: A (6|1) und B (-1|5). Graphische Verdeutlichung:

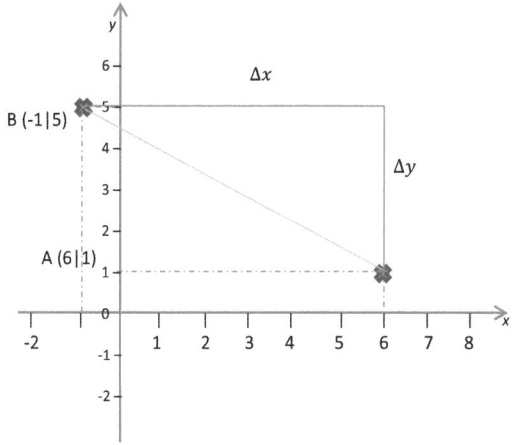

Der Abstand von zwei Punkten ist immer die geradlinige Verbindung. Diese lässt sich konstruieren mit dem Satz des Pythagoras: Die Differenz der x-Werte und die Beträge der Differenz der y-Werte sind jeweils die Katheten, der Abstand die Hypothenuse.

$a^2 + b^2 = c^2$ →   c ist die Hypothenuse des rechtwinkligen Dreiecks, in diesem Fall der Abstand.

a und b sind die Katheten, also die x-Differenz und die y-Dieferenz.

Also gilt: $(\Delta x)^2 + (\Delta y)^2 = Abstand^2$

$$Abstand = \sqrt{(\Delta x)^2 + (\Delta y)^2} = \sqrt{(x_A - x_B)^2 + (y_A - y_B)^2}$$

Wieder ist es egal, ob vorne A steht oder B, wichtig ist nur, dass es bei x und bei y gleich ist.

In unserem Beispiel also:

$Abstand = \sqrt{(-1 - 6)^2 + (5 - 1)^2} = \sqrt{49 + 16} = \boldsymbol{\sqrt{65} \approx 8,1}$

1.5.2 Abstand von zwei parallelen Geraden

Gegeben sind zwei Geraden: g_1: $y = \frac{1}{2}x - 2$ und g_2: $y = \frac{1}{2}x + 3$. Graphische Verdeutlichung:

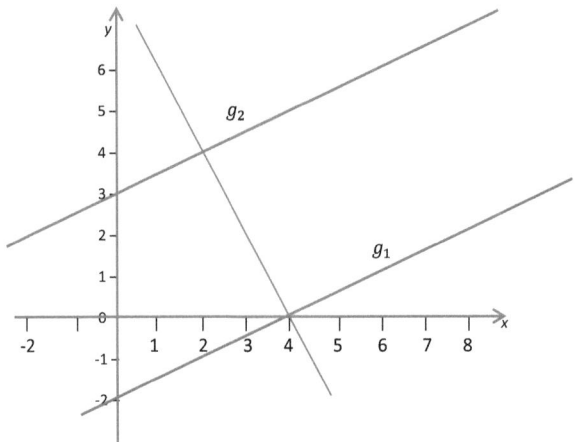

Der Abstand zweier parallelen Geraden ist definiert als die Länge der Orthogonalen. Wir brauchen also den Abstand der zwei Punkte, die eine Orthogonale durch die zwei Geraden schafft. Der Abstand von zwei parallelen Geraden ist überall gleich groß.

Eine Orthogonale zu g_1 hat auf jeden Fall die Steigung -2. Da: $m_1 = -\frac{1}{m_2} = -\frac{1}{\frac{1}{2}} = -2$.

Nun suchen wir uns einen Punkt auf g_1 aus, in dem die Orthogonale die Gerade schneidet, z.B. den Punkt (4|0), wie in der Graphik.

Nun wissen wir von der Orthogonale, dass sie durch den Punkt (4|0) geht und die Steigung -2 hat. Wir können eine Gleichung aufstellen:

$$y = mx + c \quad \rightarrow \quad 0 = -2*4 + c \quad \rightarrow \quad c = 8$$

Also lautet die vollständige Geradengleichung:

$$y = -2x + 8$$

Nun brauchen wir den Schnippunkt der Orthogonalen mit g_2.

Die oben genannten Varianten zur Berechnung eines Schnittpunktes liefern: S (2|4).

Die beiden Punkte (4|0) und (2|4) liegen also auf einer Orthogonalen durch die beiden Geraden. Oben genannte Methode zur Berechnung des Absandes zweier Punkte liefert: der Abstand beträgt $\sqrt{20}$ Längeneinheiten (LE) $\approx$ **4, 5 LE**

1.5.3 Abstand von einem Punkt zu einer Geraden

Gegeben sind eine Gerade: $g: y = \frac{1}{3}x + 1$ und ein Punkt P (6|0). Graphische Verdeutlichung:

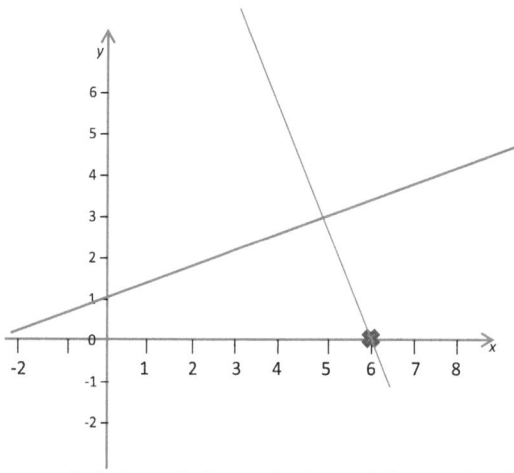

Wieder kommt die Orthogonale der Geraden ins Spiel: der gesuchte Abstand ist dieses Mal die Länge Orthogonale der Geraden durch den Punkt.

Die Orthogonale hat die Steigung -3, durch obiges Verfahren berechnet. Da wir wissen, dass der Punkt P (6|0) auf dieser Orthogonalen liegt, wissen wir nun x, y und m. Das c können wir wieder berechnen:

$$y = mx + c \quad \rightarrow \quad 0 = -3 \times 6 + c \quad \rightarrow \quad c = 18$$

Die vollständige Orthogonalengleichung lautet also:

$$y = -3x + 18$$

Nun müssen wir den Schnittpunkt der Geraden mit der Orthogonalen berechnen. Die oben genannten Methoden zur Berechnung des Schnittpunktes zweier Geraden liefern: S (5,1|2,7)

Nun gilt es wieder, den Abstand der zwei Punkte P (6|0) und S (5,1|2,7) zu berechnen. Oben genanntes Verfahren liefert: Abstand $\approx \mathbf{8,1\ LE}$

1.6 Schnittwinkel von zwei Geraden

Wenn zwei Geraden sich schneiden, entsteht ein Schnittwinkel φ. Graphische Verdeutlichung:

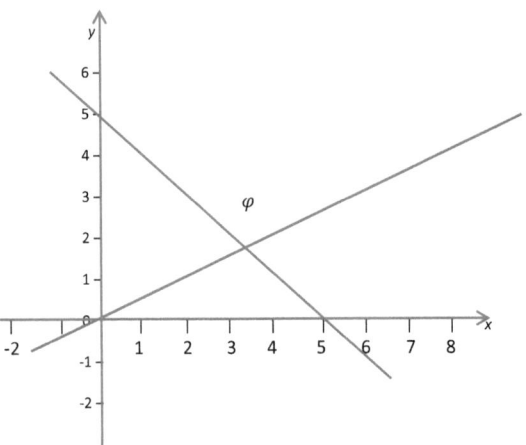

In unserem Fall sind die Geraden: $g_1: y = \frac{1}{2}x$ und $g_2: y = -x$.

Die Formel zur Berechnung des Schnittwinkels erfordert nur die Steigungen der beiden Geraden:

$$\tan \varphi = \left| \frac{m_1 - m_2}{1 + m_1 \times m_2} \right|$$

In unserem Fall: $\quad \tan \varphi = \frac{0{,}5 - (-1)}{1 + 0{,}5 \times (-1)} = \frac{1{,}5}{0{,}5} = 3 \quad \tan^{-1}(3) \approx \mathbf{71{,}6°}$

Mit dieser Formel ist es nur möglich, den kleineren Winkel zuberechnen (falls die Geraden nicht orthogonal zueinander sind, sind jeweils zwei der vier Winkel gleich groß (die jeweils gegenüberliegenden). Dabei sind die einen Winkel kleiner und die anderen größer als 90°). Man muss sich also davor schon im Klare sein, ob man nun den kleinen oder den großen Winkel berechnet. Bei uns steht das φ beim eindeutig größeren Winkel – unsere errechneter Winkel ist aber kleiner als 90°. Daher muss man den berechneten, kleineren Winkel von 180° abziehen, um den gewünschten Winkel zu erhalten.

$$\varphi = 180° - 71{,}6° \approx \mathbf{108{,}4°}$$

1.7 Abschließende Aufgabe mit Lösung

Gegeben sind die Geraden $g: y = 0{,}5x$ und $h: y = 3$. Die Orthogonale von g, die durch den Schnittpunkt von g und h geht, die Gerade g und die x-Achse bilden ein Dreieck.

Berechne (I) die Seitenlängen des Dreiecks, (II) alle Innenwinkel, (III) den Umfang und den (IV) Flächeninhalt des Dreiecks.

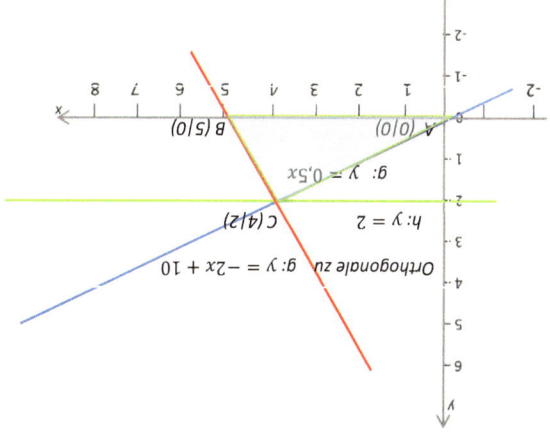

Zum Punkt A gehört Winkel α, zu B gehört Winkel β, und zu C gehört Winkel γ. Die Seiten werden mit Kleinbuchstaben bezeichnet, mit dem Kleinbuchstaben des gegenüberliegenden Punktes. Die Strecke AB heißt c, Die Strecke BC heißt a und die Streck CA heißt b.

Skizze:

Lösungen:

I. $a = \sqrt{5}\ LE \approx 2{,}24\ LE \qquad b = \sqrt{20}\ LE \approx 4{,}47\ LE \qquad c = 5\ LE$

II. $\alpha \approx 26{,}57° \qquad \beta \approx 63{,}43° \qquad \gamma = 90°$

III. $U = a + b + c = \sqrt{5}\ LE + \sqrt{20}\ LE + 5\ LE \approx 11{,}71\ LE$

IV. $A = \frac{c \times h}{2} = 5\ FE$

Zusammenfassung Lineare und ganzrationale Funktionen Gymnasium

2. Ganzrationale Funktionen Seite 14 – Seite 38

2.1 die Funktionsgleichung und Definition Seite 14

2.2 der Graph Seite 15

2.3 die Differenzialrechnung Seite 17

    2.3.1 Definition der Ableitung

    2.3.2 Ableitungsfunktionen

    2.3.3 Verwendung

2.4 Charakteristische Punkte einer ganzrationalen Funktion Seite 21

    2.4.1 Nullstellen

    2.4.2 y-Achsenabschnitt

    2.4.3 Schnittpunkt mit anderen Funktionen

    2.4.4 Extremstellen

2.5 die Verschiebung, Streckung und Stauchung von Funktionen Seite 27

    2.5.1 in x-Richtung

    2.5.2 in y-Richtung

    2.5.3 das Strecken und Stauchen von Funktionen

2.6 die Integralrechnung Seite 29

    2.6.1 Definition der Stammfunktion

    2.6.2 Stammfunktionen

    2.6.3 Flächenberechnung

2.7 Tangenten und Normalen Seite 37

2.1 die Funktionsgleichung und Definition

Als **ganzrational** werden die Funktionen bezeichnet, welche natürliche Potenzen an den Variablen haben. Diese können 0, 1, 2, 3, oder auch 11 sein. Der Exponent muss jedoch positiv sein. Die Faktoren vor den Variablen können irgendwelche rationalen Zahlen sein. Beispiele:

$$f(x) = 2{,}5x^2 + 3{,}2x - \frac{4}{3}$$

$$g(x) = \frac{1}{3}x^4 + 5{,}2x^3 - 8x + 2$$

Auch die **linearen Funktionen** gehören zu den ganzrationalen Funktionen. Man spricht von „einer Funktion dritten Grades", wenn der Exponent mit dem höchsten Wert drei ist. Funktionen ersten grades sind lineare Funktionen, Funktionen zweiten Grades bezeichnet man als **quadratische Funktionen**.

Die allgemeine Form der Gleichung einer ganzrationalen Funktion lässt sich wie folgt formulieren:

$$\boldsymbol{f(x) = ax^0 + bx^1 + cx^2 + dx^3 + ex^4 + fx^5 + gx^6 \ldots}$$

2.2 der Graph

Der Graph sieht von Grad zu Grad anders aus – je höher der Grad ist, desto „kurviger" kann die Funktion sein. Hier einige Beispiele: (Die Graphen wurden mit der kostenlosen iPhone-App „Graph It" gezeichnet und exportiert. Empfehlenswertes Programm!)

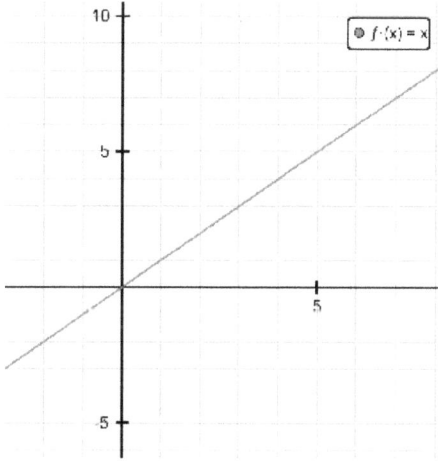

Beispiel für eine lineare Funktion:

$$f(x) = x$$

Nullstelle bei (0|0)

y-Achsenabschnitt bei (0|0)

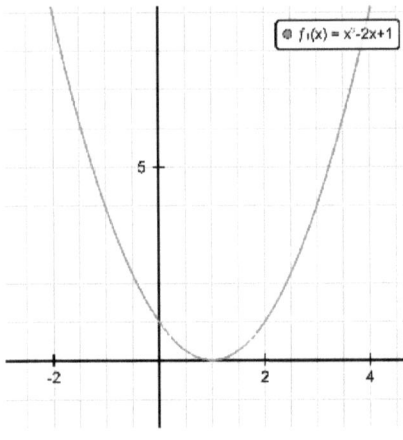

Beispiel für eine quadratische Funktion

$f(x) = x^2 - 2x + 1$

Nullstelle bei (1|0)

y-Achsenabschnitt bei (0|1)

Tiefpunkt bei (1|0)

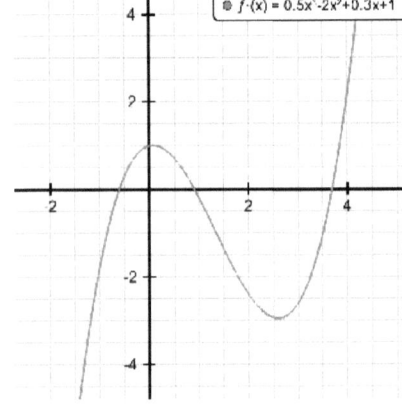

Beispiel für eine Funktion dritten Grades

$f(x) = 0{,}5x^3 - 2x^2 + 0{,}3x + 1$

Nullstellen bei (-0,6|0), (0,9|0) und (3,7|0)

y-Achsenabschnitt bei (0|1)

Tiefpunkt bei (2,6|-3)

Hochpunkt (0,1|1,0)

Wendepunkt bei (1,3|-1)

Je nach Grad einer Funktion gibt es eine bestimmte Zahl an charakteristischen Punkten, die höchstmöglich vorkommen kann: Gard der Funktion = maximale Anzahl an Nullstellen. Die maximale Anzahl an Extremwerten ist eins geringer als der Grad der Funktion, die maximale Anzahl an Wendepunkten ist um zwei geringer als der Grad.

2.3 die Differenzialrechnung

2.3.1 Definition

Die Differenzialrechnung bezeichnet den Umgang mit der Ableitung von Funktionen. Doch was ist die Ableitung einer Funktion?

Die Ableitung einer Funktion ist die Änderungsrate an diesem Punkt. Am einfachsten ist dies bei einer linearen Funktion zu demonstrieren:

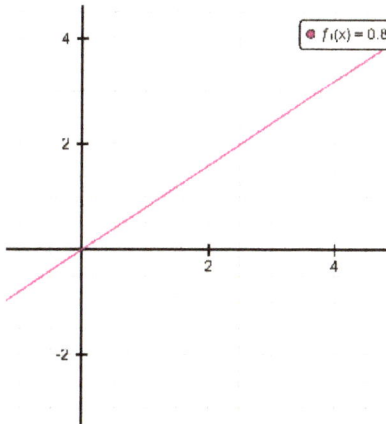

Diese lineare Funktion hat die Funktionsgleichung:

$$f(x) = 0{,}8x$$

Da wir vom ersten Kapitel schon wissen, dass der Faktor vor dem x die Steigung ist, ist es unschwer zu begreifen, dass die Steigung an jeder Stelle dieser Funktion 0,8 ist, unabhängig vom x.

Die Ableitungsfunktion wäre in diesem Fall:

$$f(x) = 0{,}8$$

Unten ist die Funktion f abgebildet – mit ihrer zugehörigen Ableitungsfunktion. Natürlich kann mein die Ableitungsfunktion noch weiter ableiten.

Die Ableitung der Funktion f ist konstant – sie steigt überhaupt nicht. Ihre Änderungsrate ist demnach null – unabhängig für welches x, die Ableitung ändert sich nicht. Daher ist die zweite Ableitung von f: $f(x) = 0$. Unten rechts eine Abbildung der Funktion f, ihrer Ableitungsfunktion f' und die zweite Ableitungsfunktion f''.

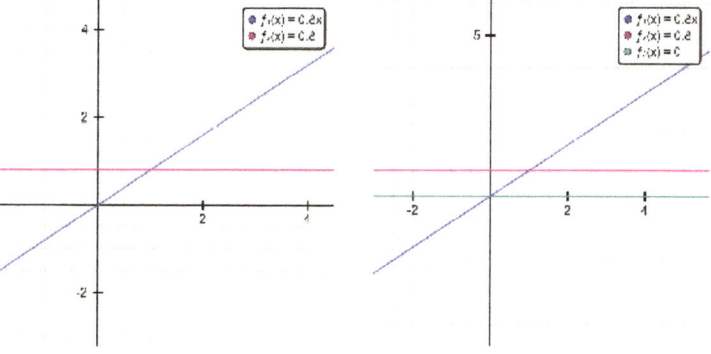

Nun ist die Frage, wie es um die Ableitung bei quadratischen oder noch höhergradigen Funktionen steht. Dazu eine Funktion dritten Grades:

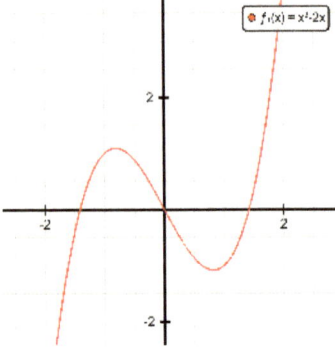

Diese Funktion dritten Grades hat die Funktionsgleichung:

$$f(x) = x^3 - 2x$$

Nun ist es schwieriger, sich vorzustellen, wie die Ableitungsfunktion aussieht. Dazu teilt man sich die Funktion in Abschnitte – der erste Abschnitt der Funktion geht von $-\infty$ bis zum Hochpunkt, der zweite Abschnitt vom Hochpunkt bis zum Tiefpunkt, der dritte Abschnitt vom Tiefpunkt bis nach $+\infty$. Im ersten Abschnitt steigt die Funktion, dabei ist es auch egal, ob die Funktion oberhalb oder unterhalb der x-Achse ist. Der Hochpunkt ist interessant – beim Hochpunkt gibt es keine Steigung. Denn das ist der Punkt, wo die Funktion vom Steigen ins Sinken wechselt. Die Ableitungsfunktion hat also an der Stelle des Hochpunktes eine Nullstelle. Genauso ist es beim Tiefpunkt – die Ableitungs bzw. die Änderungsrate ist null und die Ableitungsfunktion hat wieder eine Nullstelle. Zwischen Den beiden Extremwerten sinkt die Funktion – das heißt für die Ableitungsfunktion, dass sie zwischen den Nullstellen unterhalb der x-Achse ist, da „Sinken" heißt, dass die Änderungsrate geringer als null ist. Ab dem Tiefpunkt steigt die Funktion wieder, also ist die Ableitungsfunktion wieder über der x-Achse. Die Grafik unten links enthält die Funktion f und ihre zugehörige Ableitungsfunktion f'. Die Ableitungsfunktion ist eine quadratische Funktion. Auch diese können wir einteilen – diesmal in zwei Abschnitte; der erste Abschnitt ist bis null, der zweite ab null. Im ersten Abschnitt sinkt die Funktion, ist also unterhalb der x-Achse, beim Tiefpunkt schneidet die Ableitungsfunktion die x-Achse (da die Änderungsrate am Tiefpunkt null ist) und ab dort ist sie wieder im positiven Bereich. Die Grafik unten rechts zeigt die Funktion f mit ihrer zugehörigen Ableitungsfunktion f' und der zweiten Ableitungsfunktion f'' an.

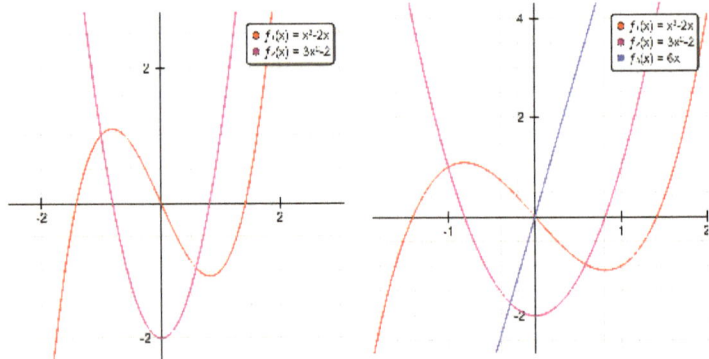

2.3.2 die Ableitungsfunktion

I. Die Summenregel

Wie man im vorigen Beispiel schön erkennen kann, ist die Ableitung der Funktion dritten Grades eine Funktion zweiten Grades (eine quadratische Gleichung), deren Ableitung wiederum einer Funktion ersten Grades ist (eine lineare Gerade). Daraus kann man schließen, dass mit der Ableitung der Grad um eins sinkt. Desweiteren wird der vorherige Exponent mit dem Faktor vor der Variable multipliziert.

Die Ableitung von $f(x) = 2x^2$ ist demnach $f'(x) = 2 \times 2x^{2-1} = \mathbf{4x}$

Diese regel wird als **Summenregel** aufgefasst.

Beispiele: $f(x) = 2x^3$ $f'(x) = 2 \times 3x^{3-1} = 6x^2$

$g(x) = 2x^4 - 3x$ $g'(x) = 2 \times 4x^{4-1} - 3 \times 1x^{1-1} = 8x^3 - 3$

II. Die Kettenregel

Die Kettenregel wird angewendet, wenn zwei Funktionen ineinander verkettet sind.
hat man zwei Funktionen

$$u(x) = x - 2$$
$$v(x) = x^2$$

So kann man diese ineinander verketten, also $f(x) = u(v(x))$:

Wenn man $f(x)$ als $f(x) = u(v(x))$ definiert, so lautet $f(x)$: $x^2 - 2$. Hier könnte man noch die Summenregel anwenden.

Definiert man $f(x)$ allerdings als $f(x) = v(u(x))$, so lautet $f(x)$: $(x-2)^2$.

Hier ist die Anwendung der Kettenregel erforderlich: sie funktioniert eigentlich fast wie die Summenregel; der vorherige Exponent wird mit dem bestehenden Faktor multipliziert und der Exponent wird dann um eins kleiner. Hinzu kommt allerdings noch die Multiplikation mit der inneren Ableitung: Die innere Ableitung ist Ableitung der Funktion in der Klammer, also die Ableitung von $x - 2$. Diese ist 1. Daher.

$f(x) = (x-2)^2$ $f'(x) = 2 \times (x-2)^{2-1} \times 1 = 2(x-2) = \mathbf{2x - 4}$

Beispiele: $\mathbf{f(x) = 2{,}5(2x+2)^3}$ $f'(x) = 2{,}5 \times 3 \times (2x+2)^{3-1} * f'(2x+2)$

$= 7{,}5\,(2x+2)^2 \times 2 = \mathbf{15\,(2x+2)^2}$

$\mathbf{g(x) = 2(3x)^2 + x^2}$ $g'(x) = 2 \times 2 \times (3x)^{2-1} + 2 \times x^{2-1}$

$= \mathbf{4\,(3x) + 2x = 14x}$

Natürlich kommt es auch vor, dass in einer Funktion zwei verschiedene Regeln angewendet werden müssen – so wie im zweiten Beispiel.

III. Die Produktregel

Die Produktregel wird angewendet, wenn zwei Terme, die beide x in einer höheren Potenz als 0 aufweisen, miteinander multipliziert werden.

Beispiel $\quad f(x) = 2x^2 \times (x+3)$

Hier teilt man die Funktion wieder auf – in $u(x)$ und in $v(x)$. Die allgemeine Form von einer Funktion, die mit der Produktregel abgeleitet werden muss ist also $u(x) \times v(x)$.

Die Ableitungsfunktion erhält man wie folgt:

$$f(x) = u(x) \times v(x) \rightarrow \boldsymbol{f'(x) = u'(x) \times v(x) + v'(x) \times u(x)}$$

Beispiel: $\quad$ Die Ableitung der Funktion $f(x) = 2x^2 \times (x+3)$

$u(x) = 2x^2 \quad\quad v(x) = x+3$
$u'(x) = 4x \quad\quad v'(x) = 1$

$f'(x) = 4x \times (x+3) + 1 \times 2x^2 = 4x^2 + 12x + 2x^2 = 6x^2 + 12x = \boldsymbol{6x(x+2)}$

2.3.3 die Verwendung

Wie wir oben schon festgestellt haben, ist die Ableitung an einer Extremstelle null. Das heißt wiederum, dass man durch das Nullsetzen der Ableitungsfunktion die Extremstelle berechnen kann. Doch dazu im nächsten Kapitel mehr.

2.4 Charakteristisch Punkte von Funktionen

2.4.1 Nullstellen

Das Berechnen von Nullstellen ist bei ganzrationalen Funktionen nicht immer so einfach wie bei linearen Funktionen – eigentlich nur sehr selten, und dann auch nur, weil die Funktion linear ist. Es gibt verschiedene Methoden – jenachdem, welche Beschaffenheit gegeben ist.

I. Nullsetzen

Ist die Funktion linear, so kann man einfach $f(x)$ nullsetzen und das x berechnen. Dies geht nicht nur bei linearen Funktionen, sondern auch bei Funktionen, bei denen höchsten eine Potenz gibt, die größer als null ist.

Beispiele $f(x) = 2x + 5$ $\quad | f(x) = 0$
$\qquad\qquad 0 = 2x + 5$
$\qquad\qquad \boldsymbol{x = -2,5}$

$\qquad\qquad g(x) = x^3 - 8 \qquad | g(x) = 0$
$\qquad\qquad 0 = x^3 - 8 \qquad\quad |+8$
$\qquad\qquad 8 = x^3 \qquad\qquad\quad |\sqrt[3]{}$
$\qquad\qquad \boldsymbol{x = 2}$

II. Mitternachtsformel

Die Quadratformel, auch Mitternachtsformel genannt, wird eingesetzt, wenn die Gleichung qudratisch ist; d.h. es treten nur x-Potenzen auf, die 0, 1 oder 2 sind.

Sie lautet: $x = \frac{-b \pm \sqrt{b^2 - 4ac}}{2a}$

Das a ist die Zahl vor dem x^2, das b ist die Zahl vor dem x und das c ist die Zahl, die alleine dasteht.

Beispiele $\quad f(x) = x^2 - 2x + 1 \quad |f(x) = 0$
$\qquad\qquad\; 0 = x^2 - 2x + 1$

$a = 1, \quad b = -2, c = 1 \quad \rightarrow \quad x = \frac{-(-2) \pm \sqrt{(-2)^2 - 4 \times 1 \times 1}}{2 \times 1} = \frac{2 \pm 0}{2} = \boldsymbol{1}$

III. Ausklammern

Das Ausklammer von Variablen kann dazu führen, dass durch herkömmliche Umformungen das x berechnet werden kann.

Beispiele $\quad f(x) = 3x^2 + 4x = 0 \qquad$ |Ausklammern von x
$\qquad\qquad\; f(x) = x(3x + 4) = 0 \qquad | \div x$
$\qquad\qquad\; f(x) = 3x + 4 = 0$
$\qquad\qquad\; \boldsymbol{x = -\frac{4}{3}}$

III. Die Substitution

Die Substitution führt auf die Quadratformel zurück. Diese wendet man an, wenn zwar nicht nur die Potenzen 0, 1 und 2 hat, aber es durch Ausklammern und Ersetzen der Potenzen erreichen kann. Dabei wird beispielsweise x^3 durch u ersetzt.

Beispiel $\quad f(x) = 2x^5 - 3,5x^3 + 1,5x$

$$
\begin{aligned}
2x^5 - 3,5x^3 + 1,5x &= 0 &&|\text{Ausklammern von } x\\
x(2x^4 - 3,5x^2 + 1,5) &= 0 &&|\div x\\
2x^4 - 3,5x^2 + 1,5 &= 0 &&|\ x^2 \text{ durch } u \text{ ersetzen}\\
2u^2 - 3,5u + 1,5 &= 0 &&|\text{Mitternachtsformel!}
\end{aligned}
$$

$$u = \frac{-b \pm \sqrt{b^2 - 4ac}}{2a} = \frac{3,5 \pm \sqrt{(-3,5)^2 - 4 \times 2 \times 1,5}}{4} = \frac{3,5 \pm 0,5}{4} \to u_1 = 1;\ u_2 = \frac{3}{4}$$

Nun, da wir nur die u-Werte ausgerechnet haben, müssen wir sie wieder in x-Werte zurückverwandeln. Vorher galt: $x^2 = u$, das gilt jetzt immer noch.

Also: $x^2 = 1$ und $x^2 = \frac{3}{4}$.

Für $x^2 = 1$ erhalten wir die Lösungen $x_1 = 1$ und $x_2 = -1$

Für $x^2 = \frac{3}{4}$ erhalten wir die Lösungen $x_3 \approx 0{,}87$ und $x_4 \approx -0{,}87$.

Man bedenke: In der Quadratrechnung gibt es immer eine positive und negative Lösung. Falsch ist, dass $\sqrt{4} = -2$, richtig hingegen ist, dass die Gleichung $x^2 = 4$ auch -2 als Lösung hat. Achtung!

IV. Die Polynomdivision

Die Polynomdivision wird nicht besonders häufig angewandt – sie ist auch die schwierigste Methode, um nullstellen herauszufinden. Ihr Vorteil: Bei Gleichungen, die mehr als zwei Potenzen aufweisen (nachdem sie ausgeklammert wurden) ist die Polynomdivision die einzige Methode zur Berechnung der Nullstellen. Die Nachteile: man verrechnet sich schnell und man muss eine Nullstelle gegeben kriegen bzw. „herausfinden".

Wir wollen die Nullstellen der Funktion f mit $f(x) = 2x^3 - 5x^2 + 3$ herausfinden. Die Funktion lässt sich nicht weiter ausklammern, die Mitternachtsformel bringt hier nichts, und durch Umformungen gelangt man auch nicht zum Ergebnis.

Gegeben ist die Nullstelle $x_0 = 1$.

Möchte man nun daraus auf die restlichen Nullstellen schließen, muss man die Funktionsgleichung durch die Nullstelle teilen. Da man nicht durch null teilen darf, muss man einen Term finden, der für $x = 1$ null ergibt. Das ist natürlich der Term $x - 1$. Wenn man da 1 einsetzt, kommt null heraus.

Die schriftliche Division sieht dann wie folgt aus:

$(2x^3 - 5x^2 + 3) \div (x - 1)$	Nun muss man beim Teilen immer nur auf das x achten, das heißt, man rechnet $2x^3 \div x$. Das ergibt $2x^2$.
$(2x^3 - 5x^2 + 3) \div (x - 1) = 2x^2$	Nun muss man das Ergebnis mit der ganzen Nullstelle multiplizieren; $2x^2 \times (x - 1)$.
$\begin{aligned}(2x^3 - 5x^2 + 3) &\div (x - 1) = 2x^2 \\ \underline{2x^3 - 2x^2}& \\ -3x^2 + 3& \end{aligned}$	Dasselbe von vorne: $-3x^2 \div x$... und bis zum Ende:
$\begin{aligned}(2x^3 - 5x^2 + 3) &\div (x - 1) = \mathbf{2x^2 - 3x - 3} \\ \underline{2x^3 - 2x^2}& \\ -3x^2 + 3& \\ \underline{-3x^2 + 3x}& \\ 3 - 3x& \\ \underline{-3x + 3}& \\ 0& \end{aligned}$	

Nun erhält man eine Quadratgleichung als Lösung der Division: Diese kann man mit der Mitternachtsformel lösen und erhält die weiteren Lösungen $x_2 \approx 2{,}19;\ x_3 \approx -0{,}69$

2.4.2 y-Achsenabschnitt

Dieser ist zum Glück genauso einfach zu bestimmen wie bei linearen Funktionen. Man muss für x null einsetzen bzw. die Zahl, die ohn x steht, ist der y-Achsenabschnitt.

Beispiel   Der y-Achsenabschnitt von $f(x) = 2{,}3x^6 - 5x^5 + 3{,}4x^3 - 2{,}5x + 1{,}34$ ist $1{,}34$.

2.4.3 Schnittpunkte mit anderen Funktionen

Gleich zu den linearen Funktionen bleibt die Tatsache, dass man die beiden Funktionen miteinander gleichsetzen muss. Anders ist hier, dass es mehrere Schnittpunkte geben kann.

Gegeben sind die Funktionen f und g mit

$f(x) = \frac{1}{4}x^4 - 2x^2$ und $g(x) = 0{,}25x^2 - 1$ | Gleichsetzen

$\frac{1}{4}x^4 - 2x^2 = 0{,}25x^2 - 1$ | Umformen

$\frac{1}{4}x^4 - 2{,}25x^2 + 1 = 0$ | Substitution als Lösungsweg

$\quad x_{1/2} \approx \pm 2{,}92$

$\quad x_{3/4} \approx \pm 0{,}68$

Die y-Werte lassen sich dann ganz einfach berechnen, indem man die berechneten x-Werte in eine der beiden Funktionen einsetzt. Das Einsetzen ergibt:

$S_1\ (2{,}92|1{,}13)$

$S_2\ (-2{,}92|1{,}13)$

$S_3\ (0{,}68|-0{,}88)$

$S_4\ (-0{,}68|-0{,}88)$

2.4.4 Extrempunkte

Wie wir oben schon festgestellt haben, kann man Hoch- und Tiefpunkte berechnen, indem man die erste Ableitung null setzt.

Beispiel: Bestimmung von Extremwerten der Funktion $f(x) = 1{,}5x^3 - 2{,}5x + 0{,}5$

Zunächst müssen wir also die Ableitungsfunktion bilden. Dazu wenden wir die **Summenregel** an.

$$f(x) = 1{,}5x^3 - 3x + 0{,}5 \qquad f'(x) = 4{,}5x^2 - 3$$

Nun haben wir die Ableitungsfunktion, welche wir nullsetzen müssen:

$f'(x) = 0:\ 4{,}5x^2 - 3 = 0$
$4{,}5x^2 = 3$
$x^2 = \dfrac{2}{3}$
$x = \pm\sqrt{\dfrac{2}{3}}$

Jetzt wissen wir, dass bei den berechneten Punkten ein Extremwerte ist – ohne das Schaubild wissen wir allerdings nicht, ob es sich um einen Hoch- oder Tiefpunkt handelt.

Dazu muss man sich folgende Überlegung machen:

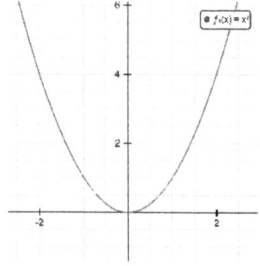

Bei Einem Tiefpunkt und bei einem hochpunkt ist die Änderungsrate 0 – das haben wir ja schon berechnet. Hinzu kommt jetzt die Änderung der Änderung: Beim Tiefpunkt selber ist die Änderung 0, bei einem Punkt davor ist Änderung negativ (Kurve sinkt). Das heißt, dass die Änderungsrate der Änderung bei einem Tiefpunkt positiv ist, denn jetzt sinkt sie ja nicht mehr, sondern ist 0. Bei einem Hochpunkt dagegen steigt die Kurve bevor sie die Änderungsrate 0 erreicht – hier muss also die Änderungsrate der Änderung negativ sein. Kurz und bündig: Um zu überprüfen, ob ein Hoch- oder Tiefpunkt vorliegt, muss man den x-Wert in die zweite Ableitung einsetzen – bnei einem negativen ergebnis liegt ein Hochpunkt vor, bei einem positiven Ergebnis ist es ein Tiefpunkt.

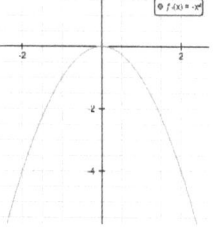

Die Anwendung auf unser Beispiel:

Zunächst müssen wir die 2. Ableitungsfunktion erstellen.

$$f(x) = 1{,}5x^3 - 3x + 0{,}5 \qquad f'(x) = 4{,}5x^2 - 3 \qquad f''(x) = 9x$$

Nun können wir unsere x-Werte in die Funktion einsetzen.

1. $x = \sqrt{\frac{2}{3}}$: $f'\left(\sqrt{\frac{2}{3}}\right) = 9 \times \sqrt{\frac{2}{3}} > 0$ **TP** Dabei ist das exakte Ergebnis nicht wichtig. Wichtig ist nur, ob das Ergebnis negativ oder positiv oder null ist.

2. $x = -\sqrt{\frac{2}{3}}$: $f'\left(-\sqrt{\frac{2}{3}}\right) = 9 \times (-\sqrt{\frac{2}{3}}) < 0$ **HP**

Also ist bei $x = \sqrt{\frac{2}{3}}$ ein Tiefpunkt und bei $x = -\sqrt{\frac{2}{3}}$ ein Hochpunkt. Um nun auch die Funktionswerte zu bestimmen, muss man die x-Werte einfach in die normale Funktionsgleichung einsetzen. Man erhält:

Hochpunkt bei $(-0{,}82|2{.}13)$

Tiefpunkt bei $(0{,}82| - 1{,}13)$

Nun wurde oben auch der Begriff *Wendepunkt* erwähnt. Was ist das? Dazu eine Skizze des Graphen:

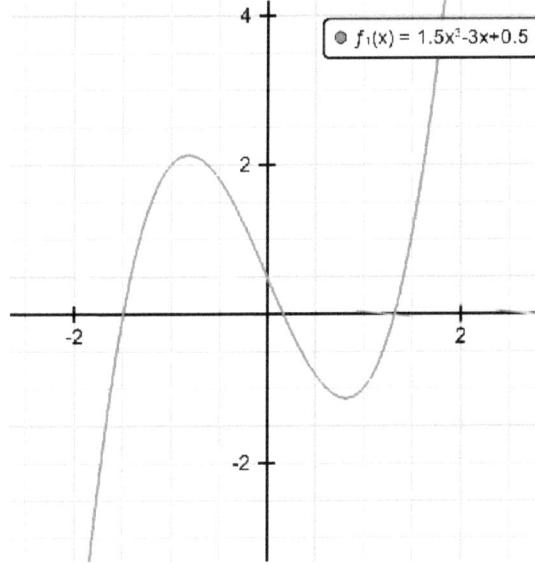

Wie man schön erkennen kann, macht die Kurve bis zum x-Wert 0 eine Rechtskurve, ab dort eine Linkskurve. Der Punkt, wo sich die Kurve ändert, nennt man den Wendepunkt. Er befindet sich immer zwischen einem Hoch- und einem Tiefpunkt bz. Andersrum. Wie berechnet man ihn? Dazu folgende Überlegung: Die Änderung am Wendepunkt ist unbestimmt bzw. nicht relevant. Doch die Änderung der Änderung spielt eine Rolle: sie ist nämlich null: denn an einem Wendepunkt ändert sich die Änderung gerade nicht. Sondern sie schlägt um.

Daher muss man zur Berechnung eines Wendepunkts die zweite Ableitung nullsetzen. Die dritte

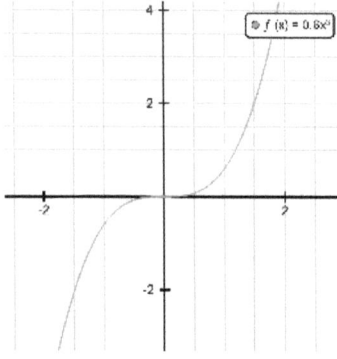

Ableitung muss dagegen ungleich Null sein – erst dann ist ein scheinbarer Wendepunkt ein wendepunkt. Hinzu kommt, dass die erste Ableitung ungleich null sein muss, damit es ein reiner Wendepunkt ist, so wie in unserer Grafik: Am Wendepunkt sinkt die Kurve weiterhin. Ist die erste Ableitung an einem Wendepunkt null, so spricht man von einem Sattelpunkt, in der linken grafik abgebildet.

Auch hier steigt die Kurve bis zum Wendepunkt (bei null) an, steigt danach aber wieder weiter. Dies muss man bei der Berechnung von Extremwerten auch beachten – die Änderungsrate ist null, aber die zweite Ableitung ist auch null (da es ja ein wendepunkt ist). In unser vorherigen definiton hatten wir nur größer und kleiner als null erwähnt – jetzt erweitern wir die Definiton: wenn die zweite Ableitung eines Extremwertes auch null ist, so handelt es sich um einen Sattelpunkt.

Die Anwendung auf unser Beispiel:

Zunächst müssen wir die 3. Ableitungsfunktion erstellen:

$$f(x) = 1{,}5x^3 - 3x + 0{,}5 \quad f'(x) = 4{,}5x^2 - 3 \quad f''(x) = 9x \quad f'''(x) = 9$$

So manch einer fragt sich hier wohl: was soll das? Wo soll ich denn das x einsetzen? Ganz einfach ist dagegen die Lösung: Unabhängig vom x-Wert: Die dritte Ableitung ergibt 9.

Nun müssen wir die zweite Ableitung nullsetzen, um unseren Wendepunkt zu berechnen: dass es ein Wendepunkt ist, haben wir mit der dritten Ableitung schon verifiziert.

$$f''(x) = 0 \quad 9x = 0$$

Daraus folgt: $x = 0$. Wir haben also einen Wendepunkt bei 0. Um den Funktionswerte zu erhalten (y-Wert), setzen wir null in unsere Funktionsgleichung ein und erhalten den Wert 0,5. Klar, das ist ja auch der y-Achsenabschnitt.

Wendepunkt bei (0|0,5)

Um nochmals einen Überblick über die ganzen Ableitungen und deren Bedeutung zu verschaffen, hier eine Tabelle:

Funktion	>0	0	<0
$f(x)$	Kurve über x-achse	Nullstelle	Kurve unter x-Achse
$f'(x)$	Kurve steigt	Extremstelle?	Kurve fällt
$f''(x)$	Tiefpunkt, wenn $f'(x) = 0$	Sattelpunkt, wenn $f'(x) = 0$ Wendepunkt?	Hochpunkt, wenn $f'(x) = 0$
$f'''(x)$	Ja	Nein	Ja

2.5 Verschiebung von Funktionen

2.5.1 ...in x-Richtung

Um den Graph in x-Richtung zu verschieben – sprich, nach links bzw. rechts, muss man sich folgende Überlegung machen:

Wenn ich den Graph um eins nach rechts verschieben will, muss ich dafür sorgen, dass für jeden x-Werte der y-Wert des x-Wertes angenommen wird, der eins links daneben liegt. Etwas komplex, hier noch etwas deutlicher:

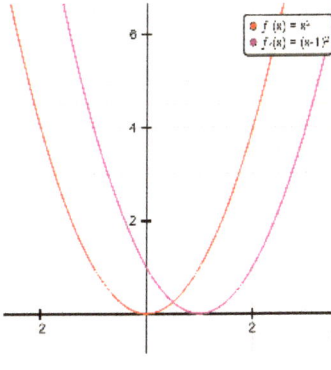

Wie man hier schön erkennen kann, ist der violette Graph um eine Einheit weiter rechts als der rote Graph. Weiß man, dass der rote Graph folgende Funktionsgleichung hat

$$f(x) = x^2$$

So muss man folgende Überlegung machen: Der violette Graph ist eins weiter rechts, das heißt, dass der y-Wert eines x-Wertes immer dem eins eiter links entspricht. Also: beim violetten Graph entspricht $f(1)$ $f(0)$ beim roten Graph, $f(0)$ beim violetten Graph entspricht also $f(-1)$ beim roten Graph. Jeder x-Wert beim violetten Graph nimmt den y-Wert des roten Graphs beim $(x-1)$-Wert an. Folglich ist die Funktionsgleichung de violetten Graphs:

$$f(x) = (x - 1)^2$$

Allgemein: Möchte man einen Graph um *n* Einheiten nach rechts verschieben, so muss man das *n* vom x abziehen. Wollte man nun den Graphen mit der Funktionsgleichung:

$$f(x) = 1{,}5x^3 - 4x$$

um 2 Einheiten nach rechts verschieben, so hieße die neue Funktionsgleichung:

$$f(x) = 1{,}5(x - 2)^2 - 4(x - 2)$$

Genau andersherum verhält es sich in die Verschiebung nach links: Wenn man einen Graph um *n* Einheiten nach links verschieben möchte, so muss man *n* zum x addieren, da ja der Funktionswert angenommen werden soll, der erst *n* Schritte weiter erreicht würde.

Möchte man nun den Graphen mit der Funktionsgleichung :

$$f(x) = -2x^3 + 2{,}5x^2$$

um **3** Einheiten nach links verschieben, so heißt die neue Funktionsgleichung

$$f(x) = -2(x + 3)^3 + 2{,}5(x + 3)^2$$

2.5.2 ...in y-Richtung

Viel leichter dagegen ist die Verschiebung eines Graphen in y-Richtung. Um dies zu machen muss man lediglich den gewünschten Wert am Ende hinzu zählen.

Möchte man die Funktion

$$f(x) = x^2 + 2x$$

um 2 Einheiten nach oben zu verschieben, so heitß die neue Funktionsgleichung:

$$f(x) = x^2 + 2x + 2$$

Möchte man den Graphen nach unten verschieben, so muss man den gewünschten Wert abziehen.

2.5.3 das Strecken und Stauchen von Funktionen

Zu sehen sind 5 Graphen (alle Quadratgleichungen), die unterschiedlich gestaucht bzw. gestreckt sind. Zur Begrifferklärung: Stauchen heißt verengen (verengt ist z.B. der hellgrüne graph im Gegensatz zum Violetten Graph); Strecken heißt weiten, also ist der rote Graph im Gegensatz zum Violeten Graph gestreckt. Dies erreicht man durch Veränderung des Faktors: wird die Zahl, die vor dem x mit der höchsten Potenz um das n-fache erhöht, so staucht sich der Graph, weil jeder Funktionswert um das n-Fach größer wird und so schneller ansteigt. Möchte man einen Graphen Strecken, so muss man den Faktor vor dem x verringern, um auch den Anstieg des Funktionswerts bzw. Des Graphen zu bremsen. Die hier schön zu sehen ist, steigt der Faktor vom roten über den rosanen, violetten und türkisenen bis zum hellgrünen Graphen an. Dadurch wird auch der Graph immer mehr gestaucht.

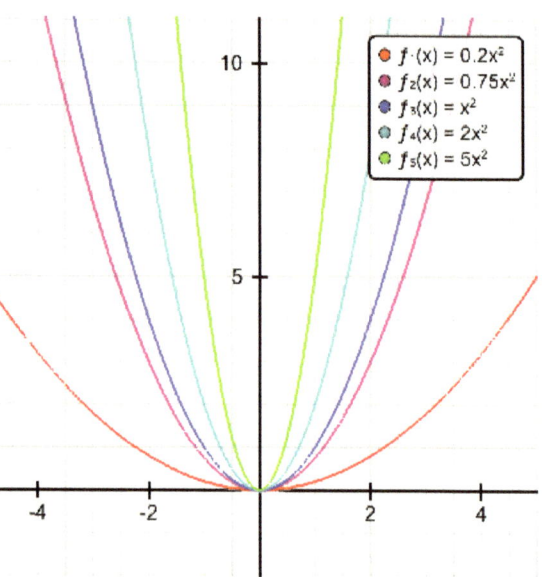

2.6 die Integralrechnung

2.6.1 Definition

Jede Funktion f hat unzählige Stammfunktionen F. Um die Bedeutung zu veranschaulichen, ein Beispiel:

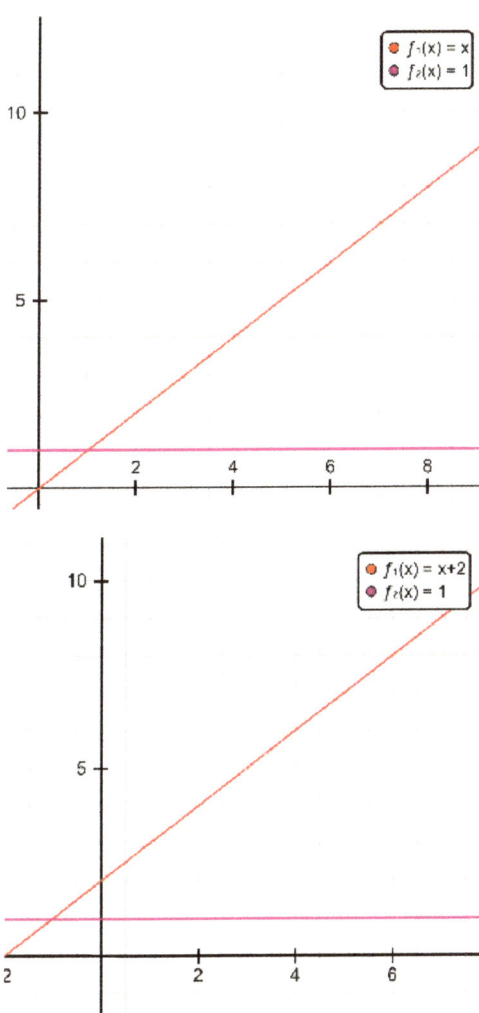

Die violette Kurve $f(x)$ beschreibt die Funktion, nach der ein becken mit Wasser gefüllt wird. Sie beschreibt die zugeführte Menge an Wasser. Da die Kurve keine Steigung hat, bleibt auch die Zufuhr der Wassermenge konstant. Geht man davon aus, dass zu Beginn noch kein Wasser im Becken war, kann man annehmen, dass die rote Kurve den wasserbestand im becken beschreibt. Die Steigung der Kurve ist 1. Das heißt, dass pro einheit eins dazu kommt. Wer genau hinschaut merkt: Die violette Kurve ist die Ableitung der roten Kurve. Klar, die violette Kurve ist die Änderung des Bestandes, der mit der roten kurve beschrieben wird. Man spricht davon, dass die rote Kurve eine **Stammfunktion** der violetten Kurve ist. Möchte man nun herausfinden, wie groß der wasserbestand nach 6 Stunden ist, so muss man einfach den Funktionswerte der Stammfunktion bei $x = 6$ nehmen. Wenn jede Stunde 1 m³ Wasser hinzu kommt, sind es nach 6 Stunden 6m³ - der Funktionswert der Stammfunktion. In der unteren Abbildung ist die steigende Gerade um 2 nach oben verschoben. Das heißt, dass der Wasserbestand zu Beginn schon bei 2m³ lag. Aber auch die Ableitung der roten Funktion ist die violette Funktion – der Zahlenwert $+2$ fällt beim Differenzieren ja weg. Also hat die violette Kurve jetzt schon zwei Stammfunktionen – und es gibt noch unendlich viele mehr, je nachdem, welchen Wert man als Anfangsbestand festlegt.

Das nächste Beispiel beschreibt die Höhenänderung bei einem Heißluftballonflug:

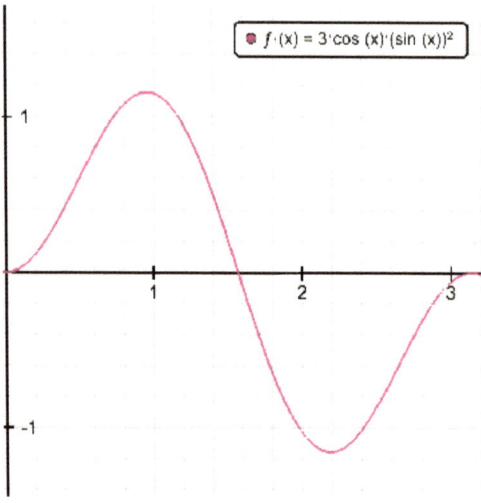

$f'(x) = 3 \cos(x) \cdot (\sin(x))^2$

Zu Beginn hat der Heißluftballon noch keine Höhenänderung – denn der Wert bei $x = 0$ ist null. Ab dort steigt der Ballon allerdings weiter, bis er am Hochpunkt der Funktion seine Höchste Steigung hat. Doch Achtung: nach dem Hochpunkt sinkt der Ballon nicht! Er hat nur eine geringere Höhenänderung als davor. Bis zur Nullstelle der Funktion steigt der Ballon. Bei der Nullstelle bleibt der Ballon stehen, ab dann sinkt er. Beim tiefpunkt hat er seine schnellste Sinkgeschwindigkeit. Nun wäre die Abbildung unten links eine mögliche Stammfunktion. Wenn die Funktion die Höhenänderung beschreibt, so beschreibt die Stammfunktion die tatsächliche Höhe des Ballons. Dieser hat bei der Nullstelle einen Hochpunkt, weil der Ballon bis dahin steigt. Die links unten abgebildete Funktion ist eine Stammfunktion, bei der der Ballon auf der Höhe 0 abhebt. Eine andere Stammfunktion wäre die unten rechts, wo der Ballon bei einer gewissen Höhe startet. Die Funktion f ist die Ableitung der Stammfunktion. Beschreibt die eine Funktion f eine Änderung, so beschreibt ihre Stammfunktion den Bestand. Beschreibt eine Funktion g die Beschleunigung, so beschreibt ihre Stammfunktion die Geschwindigkeit.

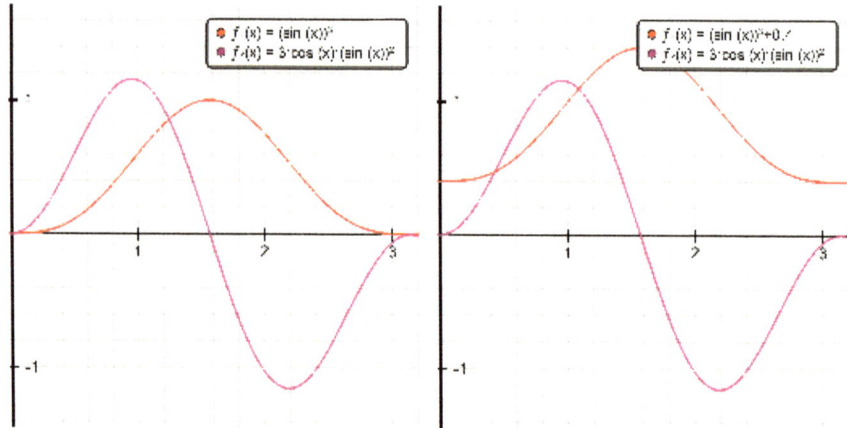

Dabei entspricht der Werte des Bestandes immeer der Fläche unter dem Graphen in einem Intervall bei der Funktion, welche die Änderung beschreibt. Beispiel:

$$f(x) = 7 \qquad\qquad F(x) = 7x$$

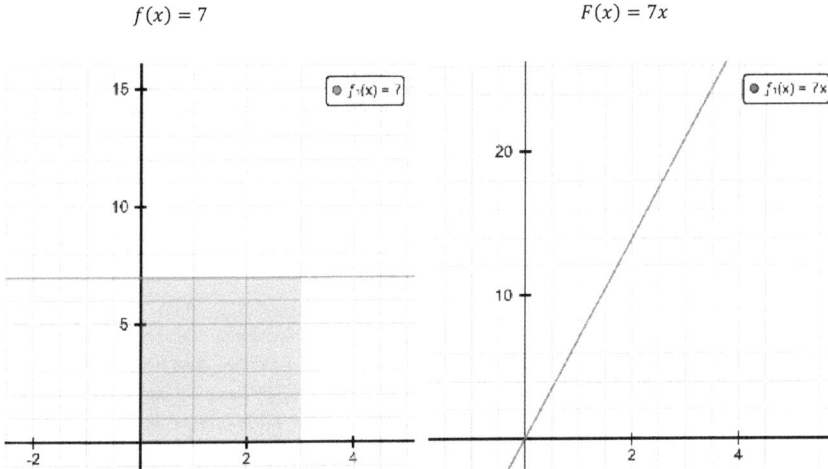

Ein Fußgänger läuft konstant mit einer Geschwindigkeit von $7\,\frac{km}{h}$. Er läuft 3 Stunden lang. Wenn man wissen möchte, welche Strecke er gelaufen ist, so rechnet man $7\,\frac{km}{h} \times 3h = 21\ km$. Dies entspricht der Fläche unter dem Graphen im Intervall von 0 bis 3 – man will wissen, wie viel er von Beginn an bis zum Ende der dritten Stunde gelaufen ist. Die rot markierte Fläche beschreibt die Strecke, die er gelaufen ist. Dies entspricht dem Funktionswert der Stammfunktion beim Wert $x = 3$.

2.6.2 die Stammfunktion

Nun wissen wir schon die Bedeutung der Stammfunktion, doch hier soll die Herleitung der Stammfunktion erläutert werden. Wie wir oben auch bereits festgestellt haben, ist die Funktion f die Ableitungsfunktion der Stammfunktion F. Das heißt, der Grad von F ist eins höher als der Grad von f. Brücksichtigt werden muss allerdings, dass beim Ableiten der Exponent als Faktor vor das x kommt – dieses muss ausgeglichen werden, in dem man den Kehrwert des Exponenten der Stammfunktion als Faktor voransetzt. Falsch wäre zum Beispiel:

$$f(x) = x^2 \qquad F(x) = x^3$$

Der Exponent wurde zwar um eins erhöht - x^3 gibt aber abgeleitet trotzdem nicht x^2 sondern $3x^3$. Diese 3 gilt es mit $\frac{1}{3}$ auszugleichen. Das heißt:

$$f(x) = x^2 \qquad F(x) = \frac{1}{3}x^3$$

Jetzt stimmt auch die Ableitung. In Allgemeiner Fom:

| Zusammenfassung | Lineare und ganzrationale Funktionen | Gymnasium |

$$f(x) = a \times x^n \qquad F(x) = a \times \frac{1}{n+1} \times x^{n+1}$$

Dies sollte man sich merken.

Beispiele Bildung der Aufleitungs bzw. Stammfunktion

$$f(x) = 0{,}5x^3 \qquad F(x) = 0{,}5 \times \frac{1}{3+1} \times x^{3+1} = 0{,}5 \times \frac{1}{4} \times x^4 = \frac{1}{8}x^4$$

$$f(x) = 2x^2 - 2x + 1 \qquad F(x) = 2 \times \frac{1}{2+1} \times x^{2+1} - 2 \times \frac{1}{1+1} \times x^{1+1} + 1 \times x^{0+1}$$

$$F(x) = 2 \times \frac{1}{3} \times x^3 - 2 \times \frac{1}{2} \times x^2 + x$$

$$F(x) = \frac{2}{3}x^3 - x^2$$

Wie wir vorher auch schon bemerkt haben, gibt es nicht eine bestimmte Stammfunktion, es gibt unzählige. Denn sie ist nach oben und unten verschiebbar (das kommt daher, dass beim Ableitend der Stammfunktion (wo ja die Funktion f herauskommt) die alleinstehende Zahl wegfällt und völlig irrelevant für die Ableitungsfunktion ist.). Daher kann man folgende Aufgabe stellen: Wenn der mann mit der Geschwindigkeit $7\frac{km}{h}$ läuft, ie viel muss er vor Beginn der Messzeit gelaufen sein, damit er bei 3 Stunden 25 Kilometer gelaufen ist?

$$f(x) = 7 \qquad F(x) = 7x$$

Wie schon erwähnt, ist die Stammfunktion nach oben und unten verschiebbar, daher muss man sie mit einem $+c$ versehen:

$$F(x) = 7x + c$$

Das c ist der y-Achsenabschnitt und gibt also an, wie viel der Mann vor Beginn der Messzeit gelaufen ist. Nun können wir für x drei einsetzen und fü $F(x)$ 25, da ir ja wissen, dass die Strecke nach 3 Stunden 25 Kilometer betragen soll.

$$F(x) = 7x + c \;\rightarrow\; F(3) = 7 \times 3 + c = 25 \;\rightarrow\; 25 = 21 + c \;\rightarrow\; c = 4$$

Der Mann muss vor Beginn der Messzeit schon 4 Kilomeer gelaufen sein, damit er nach 3 Stunden bei einer konstanten Geschwindigkeit von $7\frac{km}{h}$ insgesamt 25 Kilometer gelaufen ist.

2.6.3 Flächenberechnung

I. Einfache Flächenberechnung

Berechnet soll die markierte Flächen zwischen dem graphen und der x-Achse:

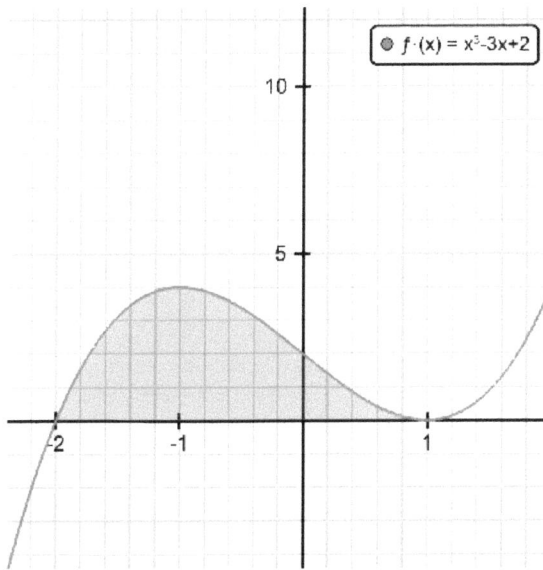

Wenn wir davon ausgehen, dass die Kurve eine Änderung beschreibt, so beschreibt die Stammfunktion den Bestand. Wie wir oben festgestellt haben, ist die Fläche unter dem Graphen der Wert des Bestandes. Folgende Überlegung: Der Bestand ist bei $x = -2$ null und steigt bis $x = 1$ kontinuierlich an. Bei $x = -1$ hat die Kurve die höchste Steigung. Wollten wir wissen, wie groß der Bestandzuwachs von $x = 0$ bis $x = 1$ ist, würden ir einfach den Wert der Stammfunktion bei $x = 1$ nehmen. Bzw, wir würden rechnen: $F(1) - F(0)$, aber $F(0)$ ist ja auch null. Wollen wir nun abeer den Bestand von -2 bis 1 wissen, müssen wir also ganz einfach rechnen: $F(1) - F(-2)$. Dies ist Kerninhalt vom **Hauptsatz der Differenzial- und Integralrechnung**:

$$\int_a^b f(x)dx = [F(x)]_b^a = F(a) - F(b)$$

In Worten: Das Integral einer Funktion innerhalb der unteren Grenze a und oberen Grenze b einer Funktion $f(x)$ in Abhängigkelt von x kann beschrieben werden durch die Differenz der Werte der Stammfunktion zwischen den Grenzen a un b.

Auf unser Beispiel angewendet: Die Funktion f lautet $f(x) = x^3 - 3x + 2$, die untere Grenze ist -2, die obere Grenze ist 1. Also:

$$\int_{-2}^{1} (x^3 - 3x + 2)dx$$

Dies gilt es nun zu berechnen. Zunächst müssen wir eine Stammfunktion bilden – und zwar die jenige, bei dem das c null ergibt, denn wir haben ja keinen bestand, der von Beginn an mitgezählt werden muss. Die Stammfnktion lautet:

$$f(x) = x^3 - 3x + 2 \qquad F(x) = \frac{1}{4}x^4 - 1{,}5x^2 + 2x$$

Also:

$$\int_{-2}^{1}(x^3 - 3x + 2)dx = \left[\frac{1}{4}x^4 - 1{,}5x^2 + 2x\right]_{-2}^{1} = F(1) - F(-2)$$

$$= \left(\frac{1}{4} \times 1^4 - 1{,}5 \times 1^2 + 2 \times 1\right) - \left(\frac{1}{4} \times (-2)^4 - 1{,}5 \times (-2)^2 + 2 \times (-2)\right)$$

$$= (0{,}75) - (-6) = \mathbf{6{,}75}$$

II. Erweiterte Flächenberechnung

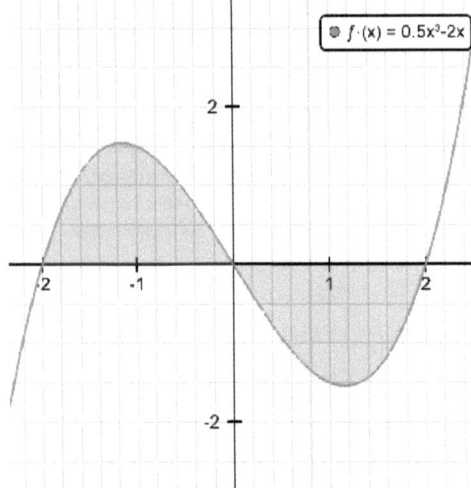

Nun wird es ein wenig schwieriger: Denn bei der Flächenberechnung meint man wirklich die Fläche, doch bei diesem Graphen ist das berechnete Integral von -2 bis 2 null. Die Fläche ist aber ungleich null. Das Problem: Beim integrieren werden Flächen, die unterhalb der x-achse liegen von der Gesamtfläche abgezogen; da beide Flächen gleich groß sind, ist die Differenz hier null. Das heißt, dass bei der Flächenberechnung Flächenteile unterhalb der x-Achse abgezogen werden müssen. Hier:

$$\int_{-2}^{2} f(x)dx = \int_{-2}^{0} f(x)dx - \int_{0}^{2} f(x)dx$$

Da die negative Fläche abgezogen wird, addiert sie sich zum Gesamtergebnis. Für dieses Beispiel:

$$\int_{-2}^{2}(0{,}5x^3 - 2x)dx = \int_{-2}^{0}(0{,}5x^3 - 2x)dx - \int_{0}^{2}(0{,}5x^3 - 2x)dx$$

$$= |\,[F(0) - F(-2)] - [F(2) - F(0)]\,|$$

Unsere Stammfunktion lautet:

Also:

$$f(x) = 0{,}5x^3 - 2x \quad F(x) = 0{,}125x^4 - x^2$$

$$\int_{-2}^{2} f(x)dx = |\,[F(0) - F(-2)] - [F(2) - F(0)]\,| = |\,(-2) - (2)\,| = 4$$

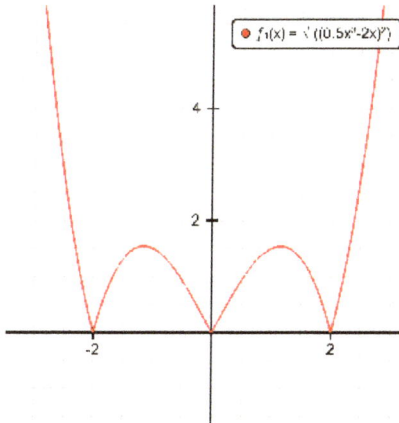

Eine andere Möglichkeit (nur in verbindung mit GTR möglich!): Man nimmt den betrag der Funktion – das heißt, es kommen keine negativen Werte vor: Nun kann man ganz normal das Integral von -2 bis 2 berechnen – allerdings auch nur mit dem Taschenrechner.

III. Flächenberechnung zwischen zwei Graphen

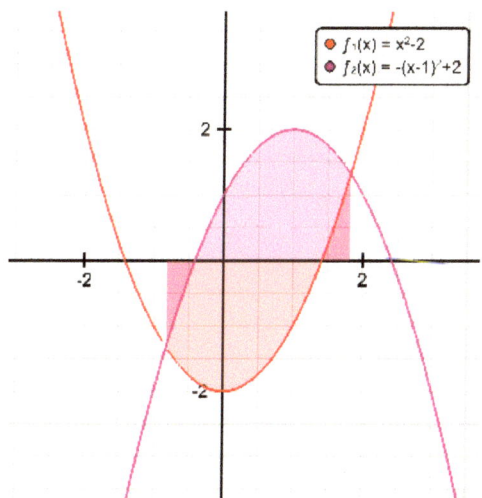

Berechnet werden muss nun die Flächen, die von den beiden Graphen eingeschlossen werden. Die Grenzen stellen also die Schnittstellen dar. Die Berechnung dieser durch Gleichsetzend er Funktionen ergibt:

$$S_1 \approx -0{,}823$$

$$S_2 \approx 1{,}823$$

Dies sind also die Grenzen. Nun widmen wir uns den Flächen – die pinke Fläche weist zwei Flächenteile am Rand auf, die nicht eingeschlossen sind, d.h., wir brauchen sie eigentlich nicht. Die Gleichen Teile sind auch in der rote Fläche vorhanden. Wenn wir also beide Funktionen voneinander abziehen, haben sich die Teile, die doppelt vorhanden waren, aufgehoben. Desweiteren müssen wir ja das negative vom positiven abziehen, um die echte Fläche zu erhalten.

$$\int_{-0,823}^{1,823} = \int_{-0,823}^{1,823} f(x)dx - \int_{-0,823}^{1,823} g(x)dx = \int_{-0,823}^{1,823} f(x) - g(x)dx$$

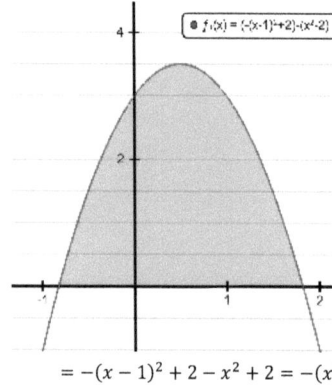

$f(x) - g(x)$ stellt die Differenzfunktion der beiden Funktionen dar. Eine Differenzfunktion bschreibt den unterschied von zwei Graphen. Dieser hat logischerweise dort Nullstellen, wo die zwei Graphen sich schneiden. Überall zwischen den Graphen ist der Betrag positiv. Links die Differenzfunktion $f(x) - g(x)$. Nun muss man einfach das Integral der Differenzfunktion berechnen, um den Flächeninhalt der zwischen den beiden Graphen eingeschlossenen Fläche zu erhalten.

Die Differenzfunktion lautet:

$$f(x) - g(x) = (-(x-1)^2 + 2) - (x^2 - 2)$$
$$= -(x-1)^2 + 2 - x^2 + 2 = -(x^2 - 2x + 1) + 2 - x^2 + 2 = -x^2 + 2x - 1 + 2 - x^2 + 2$$
$$= -2x^2 + 2x + 3$$

Die Stammfunktion der Defferenzfunktion lautet:

$$f(x) - g(x) = -2x^2 + 2x + 3 \quad F(x) = -\frac{2}{3}x^3 + x^2 + 3x$$

$$\int_{-0,823}^{1,823} f(x) - g(x)dx = F(1,823) - F(-0,823) = 4,75 - (-1,42) = \mathbf{6,17}$$

IV. Rotationskörper

Nun muss ein Rauminhalt berechnet werden: Der Graph von oben ($f(x) = -2x^2 + 2x + 3$) rotiert um die x-Achse. Folgende Überlegung: Die Funktionswerte des Graphen sind der Radius des Kreises, wenn der Graph rotiert. Diese vielen Kreis – oder auch Zylinder mit unendlich kleiner Höhe bilden das Volumen des Körpers. Wenn also

$$\int_a^b f(x)dx$$

Der Radius des Rotationskörpers ist, so ist

$$\pi \int_a^b [f(x)dx]^2$$

da der Flächeninhalt eines einzelnen Kreises durch $A = \pi r^2$ beschrieben wird – das r wird wiederum durch das Integral beschrieben.

Also:

$$A = \pi \times \int_{-0{,}823}^{1{,}823} (-2x^2 + 2x + 3)^2 dx = \pi \times F(1{,}823)^2 - \pi \times F(-0{,}823)^2 = \mathbf{119{,}6\ RE}$$

2.7 Tangenten und Normalen

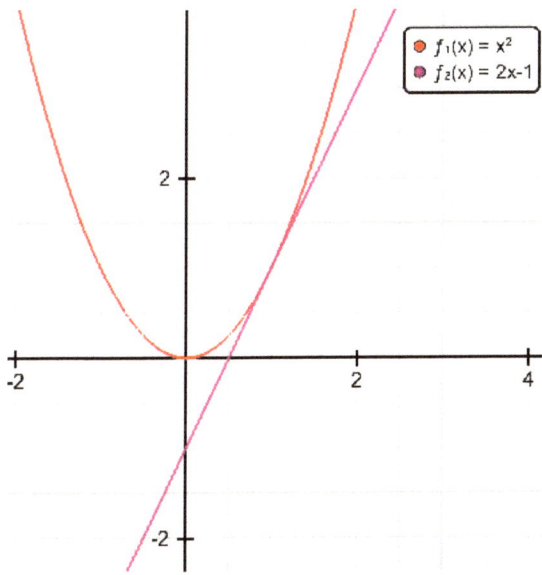

Zur Definition: Eine Tangente ist eine Gerade, welche einen Graphen „streift", d.h., sie hat nur einen Berührpunkt mit dem Graphen. Die Steigung der Tangente hat den Wert der Ableitung des Graphen an der Stelle. In der Abbildung haben wir eine Tangente am Punkt $P\,(1|f(1))$.

Die Funktionsgleichung lautet:

$$f(x) = x^2$$

Die Ableitungsfunktion:

$$f'(x) = 2x$$

Die Ableitung an der Stelle $x = 1$:

$$f'(1) = \mathbf{2}$$

Folglich hat die Tangente die Steigung 2. Da wir auch einen Punkt kennen, den sie durchkreuzt, können wir eine Geradengleichung $(y = mx + c)$ aufstellen:

$$y = f(1) = 1 \quad x = 1 \quad m = 2$$
$$y = mx + c$$
$$1 = 1 \times 2 + c$$
$$c = \mathbf{-1}$$

$\rightarrow y = 2x - 1$

Zusammenfassung   Lineare und ganzrationale Funktionen   Gymnasium

Beispiel   Aufstellen einer Tangentengleichung

Zu bestimmen ist die Gleichung der Tangente am Punkt $P(1|f(1))$ beim Graphen f mit $f(x) = 0{,}5x^3 - 3x$.

$f(1) = -2,5 = y$

$f'(x) = 1{,}5x^2 - 3 \qquad f'(1) = -1,5 = m$

$1 = x$

$\rightarrow -2{,}5 = -1{,}5 \times 1 + c$

$c = -1$

$y = -1,5x - 1$

Eine Normale ist das genaue Gegenteil – sie kreruzt den Graph orthogonal. Wie finden wir hier die Steigung heraus? Wir wissen, dass die Normale orthogonal zum Graphen – also auch senkrecht zur Tangente verläuft. Im ersten Kapitel wurde erläutert, wie man die Steigung einer orthogonalen Gerade bestimmen kann, die Steigung der Tangente können wir ja ganz einfach mit Ableitungsfunktion bestimmen.

Gesucht ist nun die Normale im Punkt $P(1{,}5|f(1{,}5))$ beim Graphen von f mit $f(x) = 0{,}5x^3 - 3x$

$f(x) = 0{,}5x^3 - 3x$

$f'(x) = 1{,}5x^2 - 3$

$f'(1{,}5) = \dfrac{3}{8} = Steigung\ der\ Tangente. \quad m_{Tangente} = -\dfrac{1}{m_{Normale}} \rightarrow m_{Normale} = -\dfrac{8}{3}$

$f(1,5) = -2,8125$

$y = mx + c$

$-2{,}815 = -\dfrac{8}{3} \times 1{,}5 + c$

$c = 1,1875$

$y = -\dfrac{8}{3}x + 1,1875$

BEI GRIN MACHT SICH IHR WISSEN BEZAHLT

- Wir veröffentlichen Ihre Hausarbeit, Bachelor- und Masterarbeit

- Ihr eigenes eBook und Buch - weltweit in allen wichtigen Shops

- Verdienen Sie an jedem Verkauf

Jetzt bei www.GRIN.com hochladen und kostenlos publizieren